ダイオキシンの有害性

ダイオキシン類の中で、もっとも有害性が強いと言われている物質は発がん性があるとされています。ただし、ダイオキシン類は数多くの物質の総称であり、個々の物質の有害性まではわかっていません。

ばく露の経路

ダイオキシン類が体の内に入る経路は、呼吸によるもの（経気道）、皮膚からの吸収（経皮）、飲食物と一緒に入るもの（経口）があります。

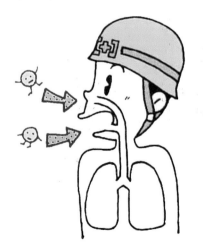

呼吸器
ガス状もしくは粉じんに吸着したダイオキシン類は、呼吸により体内に侵入

皮膚
素肌に付着したダイオキシン類は、皮膚を通して体内に侵入

消化器
飲食物に付着したダイオキシン類は、口を通って体内に侵入

ばく露防止のポイント

　ダイオキシン類による健康障害を防止するためには、ダイオキシン類にばく露しないよう、適切な処置が必要です。

●発生源の湿潤化

粉じんが発散しないよう、
水で軽く湿らせます。

●保護具の着用

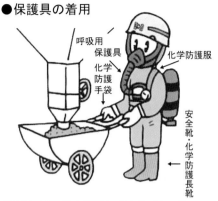

呼吸用
保護具

化学
防護
手袋

化学防護服

安全靴・化学防護長靴

適切な保護具を正確に着用しましょう。

●作業後の洗身

エアシャワー
室内には保護
具を着けたまま
入ります。

エアシャワー

作業後はエアシャワーで確実に汚染を
除去し、うがい、洗眼で清潔にしましょう。

●飲食等の禁止

作業場内では飲食・喫煙を禁止し、
口からの侵入を防止します。

呼吸用保護具の使い方

呼吸用保護具には多くの種類があります。作業場の汚染レベルに応じて適切な保護具を選び、正しく使用してください。

◎ 電動ファン付き呼吸用保護具・防じんマスク・防じん機能を有する防毒マスク

電動ファン付き呼吸用保護具や防じんマスクはフィルターで粉じんを取り除きます。したがって、ガス状の物質には効果がありません。作業場にガス状のダイオキシン類もあると考えられる場合は、防じん機能を有する防毒マスクを使用します。

電動ファン付き呼吸用保護具　　　　　　　**防じんマスク**

内蔵の電動ファンで空気を送るので、呼吸が楽で防護性能も高い（全面形）　　　　半面形　　　　　　　　全面形

型式検定に合格したものを使用しましょう。

ダイオキシン類のばく露を確実に防ぐため、使用前の点検を必ず行いましょう。
・しめひもは、ゆるんでいないか。
・面体や吸・排気弁に劣化、破損はないか。
・フィルターは汚れていないか。
・空気の漏れはないか。

スー
ハー

吸気口を手でふさぎ、空気の漏れがないかチェックする。

防じん機能を有する防毒マスクの吸収缶は、原則として使い捨てにします。

◎ プレッシャデマンド形エアラインマスク

　　ホースを通して作業者に空気を供給します。ホースの届く範囲内でしか作業ができませんが、使用時間に制限はありません。

- ・使用前の点検はマスク本体だけでなく、ホースやコンプレッサーなどもチェックします。
- ・点検・保守は取扱説明書のチェックリストにしたがってください。
- ・作業者と空気源の間のホースを監視する人を配置しましょう。

余分なホースは巻いておくこと。

◎ プレッシャデマンド形空気呼吸器

　　空気ボンベから作業者に空気を供給します。ボンベを使用できる時間に制限がありますが、行動範囲に制約はありません。

- ・使用前の点検は面体、ボンベ、連結管、警報器などをチェックします。
- ・ボンベの圧力が低下すると警報器が鳴ります。ボンベの空気残量を常に注意し、余裕をもって作業を行ってください。
- ・警報器が鳴ったら直ちに退避します。安全な場所への経路も確認しておきましょう。

防護服の使い方

　防護服にも種類がありますので、汚染レベルに合ったものを正しく使用してください。

粉じんが付着しづらい作業衣　　密閉形化学防護服　　気密形化学防護服

  空気中ダイオキシン類濃度（汚染レベル）

- ・化学防護服を使用する際は、首すじ等が露出しないように着用します。
- ・使用後はエアシャワーで粉じんを除去します。汚染が目立つ場合は、中性洗剤で水洗いしてください。
- ・使い捨てタイプのものは、使用後は再利用せず必ず廃棄しましょう。

手袋

そでやズボンのすそは
粘着テープで目ばりします。

作業者同士で着用状況を確認しましょう。

まとめ

　ダイオキシン類が発生する作業場で作業を行う場合は、様々な注意すべき事項が定められていますが、基本的にはダイオキシン類を発散させない、吸い込まないことです。

　そのためには第1にダイオキシン類が発散しないように粉じんを湿らせるなどの工夫が大切です。

　2番目には、発散してしまったダイオキシン類を体の中に入れないように適正な保護具の着用が不可欠です。

　本冊子によってひろく、ダイオキシン類とは何か、ダイオキシン類ばく露防止の基本的なことを知ることができます。

　廃棄物焼却施設内作業・解体作業に従事する方を対象とした特別教育の際には、特別教育用テキスト「ダイオキシン類のばく露を防ぐ」(中央労働災害防止協会発行)とあわせてのご利用をおすすめします。

ダイオキシン類ばく露防止のポイント

平成13年10月15日	第1版第1刷発行
平成21年 7月31日	第2版第1刷発行
令和 3年 6月15日	第3版第1刷発行

編　者	中央労働災害防止協会
発行者	平山　剛
発行所	中央労働災害防止協会
	〒108-0023　東京都港区芝浦3-17-12
	吾妻ビル9階
電　話	販売　03-3452-6401
	編集　03-3452-6209
デザイン・イラスト	株式会社プリプラにじゅういち
印刷・製本	株式会社丸井工文社

©JISHA　2021

21619-0301　定価198円(本体180円＋税10%)
ISBN978-4-8059-1995-8　C3060 ¥180E

中災防ホームページ　https://www.jisha.or.jp/